VOLUME 81

L'ÉCUATION DE L'UNIVERS

L'UNIVERS A ÉTÉ FORMÉ À PARTIR DE RIEN PAR LE MOUVEMENT D'UN ALMATRINO

PREMIÈRE ÉDITION

Carlos L Partidas

Numéro de dépôt légal : MI2022000634

ISBN: 979 8371 0545 55

DEDICATION

EN MÉMOIRE DU SCIENTIFIQUE ITALIEN GALILEO GALILEI. AVEC LE PREMIER INSTRUMENT SCIENTIFIQUE DE L'HISTOIRE SOUS LA FORME D'UN PETIT TÉLESCOPE, GALILEO GALILEI A PU DÉMONTRER QUE LE CENTRE DE L'UNIVERS N'ÉTAIT NI LA TERRE NI LE SOLEIL. IL S'AGIT D'UN ÉVÉNEMENT SCIENTIFIQUE QUI A CHANGÉ LA CONCEPTION DE L'HUMANITÉ SUR LA CRÉATION DE L'UNIVERS

TABLE DES MATIÈRES

RECONNAISSANCE

LES THÉORIES DE LA RELATIVITÉ D'ALBERT EINSTEIN ET DE MILEVA MARIĆ, ET LA THÉORIE DU BIG BANG DU RÉVÉREND BELGE GEORGES LEMAÎTRE. CES DEUX THÉORIES ATTEIGNENT LEUR POINT FINAL DANS L'HISTOIRE DES SCIENCES, AVEC L'ÉQUATION QUI EXPLIQUE COMMENT L'UNIVERS S'EST FORMÉ À PARTIR DE RIEN

Chapitre 1

L'UNIVERS INFINITÉSIMAL

Les événements ne se répètent pas ; en effet, l'Univers s'étend de manière exponentielle et chaotique jusqu'à ce qu'il n'y ait plus rien. L'Univers est né du mouvement de la plus petite quantité d'énergie qui puisse tenir dans notre esprit. L'Univers est en train d'imploser dans le néant. Nous pouvons dire que l'Univers est un système énergétique qui a été initié par le mouvement de la plus petite quantité d'énergie qui a commencé à se déplacer au centre du néant. Le néant n'est pas infini ; le néant a la même taille que l'Univers. Mais, si l'on veut donner une limite à la taille du néant, le néant croît de manière expansive à mesure que l'Univers s'étend. L'Univers ne cessera pas de croître, car l'expansion de l'Univers se fait vers le néant.

Dans le néant, il n'y a rien ; cependant, nous devons définir la quantité minimale d'énergie qui s'est formée dans le néant afin de relier le néant à l'Univers, et donc de décrire comment l'Univers a commencé à se former à partir du néant.

L'énergie électronique est née du mouvement de la quantité minimale d'énergie électronique, et la matière électronique s'est formée par l'intégration de l'énergie électronique. L'énergie magnétique est née du mouvement de l'énergie électronique et la masse magnétique a été formée par l'intégration de l'énergie magnétique.

Ainsi, tout ce qui existe, c'est-à-dire tout système physique constitué de matière électronique, y compris les corps des êtres vivants et des esprits, est formé en conséquence de l'énergie produite par le mouvement de l'Univers.

La matière électronique qui est produite dans l'Univers n'est pas consciente de son existence, alors que la masse magnétique est la partie consciente de l'Univers, c'est-à-dire que la masse magnétique qui forme les esprits est consciente d'elle-même.

Ainsi, la matière électronique et la masse magnétique forment un tout inséparable de l'Univers qui se forme à partir du néant.

Sur Terre, la masse magnétique de l'esprit est l'énergie qui anime la matière électronique du corps physique. Mais sur Terre, la matière électronique du corps physique est considérée comme la forme de vie réelle ; par conséquent, la valeur de la vie n'est accordée qu'à la forme physique de l'être humain. Mais tout organisme qui déplace son corps au moyen de sa masse magnétique est en réalité un être vivant qui a également le droit d'exister.

Cependant, à cause de cette ignorance de l'origine de la forme de vie, les êtres humains détruisent la vie des autres êtres vivants sur la planète Terre.

Cette différence est due au fait que tout le monde ne peut pas voir l'image énergétique d'un esprit. Le corps physique de la terre et le corps physique d'un être humain ont été formés par l'intégration de l'énergie électronique, alors que la masse magnétique de l'esprit a été formée par l'intégration de l'énergie magnétique.

L'énergie électronique et l'énergie magnétique sont deux types d'énergie différents ; par conséquent, ces deux types d'énergie forment des substances également différentes. La différence est due au fait que la matière électronique est constituée de noyaux et d'électrons liés dans l'espace, alors que la masse magnétique des esprits n'a ni noyaux ni électrons ; par conséquent, la masse magnétique des esprits est un modèle énergétique plus stable que la matière électronique, plus stable.

La matière électronique est constituée d'un type d'intégration qui peut évoluer dans le temps, puisque la stabilité de la substance constituée de matière électronique dépendra de la disposition des noyaux et des électrons, c'est-à-dire de la compensation qui se produit en raison de l'intégration plus stable des charges électroniques.

Or, la masse magnétique d'un esprit n'a pas de noyaux ni d'électrons ; par conséquent, la masse magnétique de l'esprit n'a pas de charges électroniques. Par conséquent, l'esprit ne peut pas être modifié ou détruit dans le temps. On peut dire que l'esprit est constitué de la substance la plus stable qui puisse exister.

Par conséquent, la masse magnétique de l'esprit ne peut que rouler sur la matière électronique d'un corps physique pour la conduire, mais sans s'intégrer au corps physique. L'énergie magnétique a été formée par le mouvement de l'énergie électronique ; ainsi, n'ayant ni noyau, ni électrons, ni charges électroniques, la masse magnétique de l'esprit ne pourra pas fusionner avec la matière électronique du corps physique.

Pour l'esprit, la matière électronique est transparente ; pour l'esprit, c'est comme si la matière électronique n'existait pas. Par exemple, l'esprit peut traverser toute sorte de matière électronique sans interagir, car l'esprit n'a pas de charges électroniques. La masse magnétique de l'esprit par rapport à la matière électronique serait comme faire passer un tamis dans l'eau.

Lorsque nous faisons référence à l'énergie magnétique, il s'agit de l'empreinte énergétique holographique qui conduit au corps électronique de tout être vivant ; c'est-à-dire qu'il peut s'agir du corps d'un têtard, d'un poisson, d'une baleine, d'un virus, d'une bactérie, d'un tigre, d'un singe, d'un chat, d'un taureau, d'une vache, d'une chèvre, d'un poulet, d'un papillon, d'un jaguar, d'un serpent, d'un être humain, etc.

Mais nous avons déjà dit que la confusion sur Terre est due au fait que nous ne voyons pas l'énergie de l'esprit ; car nous ne pouvons voir que le corps physique de tout être vivant, ou le corps physique de tout objet sans vie, parce que ces corps sont constitués de matière électronique qui peut changer avec le temps. Alors que l'énergie qui anime le corps d'un être vivant, nous ne la voyons pas, car il s'agit d'une énergie différente ; mais l'énergie de l'esprit, nous devons la classer parmi les énergies. Au timbre moteur du corps physique nous devons pour l'instant donner le nom d'énergie, jusqu'à ce que nous puissions établir un nom pour la substance plus stable qui forme un esprit. En réalité, la masse magnétique de l'esprit est le timbre holographique qui anime le corps physique de la matière électronique vivante.

Les électrons et les noyaux s'arrangent ou changent leur position spatiale, c'est-à-dire que les électrons négatifs et les noyaux positifs ajustent leurs charges électroniques en fonction de la différence d'énergie d'intégration. Cet arrangement électronique culmine lorsque la configuration électronique formée est la plus stable. Par exemple, une pierre, du sable, une scorie, l'écorce d'un arbre, etc.

Ces variations de charges électroniques peuvent être les ponts d'hydrogène qui se forment entre les quatre molécules de l'ADN : adénine, thymine, guanine et cytokine, qui donnent une identité sous forme de code génétique à chaque corps de chaque être vivant sur Terre : disons, d'un virus à un être humain.

La forme actuelle de la vie est la masse magnétique de l'esprit, de sorte que l'esprit qui a le plus développé son raisonnement est celui qui est le plus haut sur l'échelle évolutive de l'existence. Par exemple, un virus ou une bactérie est un être vivant, mais il n'est pas conscient de son existence. Alors que l'être humain, par les connaissances qu'il a acquises, se situe sur une échelle d'existence supérieure.

Bien qu'il existe des êtres humains qui fonctionnent sans être conscients de leur existence ; car ces êtres humains n'ont pas été éveillés à l'origine de leur existence ou à l'état de conscience. Nous devons donc plonger dans la conscience de l'être humain inconscient afin d'éveiller cet état de conscience, pour que tous les êtres vivants puissent évoluer. Pour que tous les êtres humains soient placés à un degré supérieur de leur échelle d'évolution.

Par conséquent, un animal de compagnie ou tout autre animal peut être en dessous de l'échelle de la conscience d'un être humain, mais un être vivant autre qu'un être humain exprime son sentiment par l'instinct.

Par exemple, une vache peut ne pas être consciente de son existence ; mais une vache, un cochon, un poulet, un cerf ou un mouton a des sentiments ; par conséquent, les tuer pour manger la chair de leur corps n'est le fait que d'êtres humains qui n'ont pas réussi à éveiller l'état de conscience.

Tuer un frère de l'Univers qui est vivant pour le manger, ou pour faire commerce de la chair de son corps, ou lui tirer une balle dans la tête à distance pour le voir tomber, est l'un des actes les plus abominables de l'être humain inconscient. C'est un acte aberrant commis par l'être humain qui n'a pas conscience de lui-même, de l'existence des autres êtres, ni de l'existence de l'Univers.

L'Univers n'est pas conscient de son existence, car la partie consciente de l'Univers est la masse magnétique de tous les esprits qui existent dans l'Univers. La partie consciente de l'Univers est la masse magnétique qui forme les esprits de tous les êtres vivants ; mais, sur Terre, les êtres humains inconscients supposent que la seule existence de la vie dans l'Univers est le corps physique des êtres humains.

La masse magnétique d'un esprit ne contient pas de matière électronique ; par conséquent, les terriens ne considèrent pas l'existence de l'empreinte holographique de la masse magnétique d'un esprit.

La disposition microscopique des charges électroniques se poursuit depuis des milliards d'années et ce processus d'adaptation continuera à se produire sous cette forme invisible. Cet arrangement des électrons et des noyaux au cours de milliards d'années est à l'origine de la perfection que nous constatons à ce moment de notre existence sur Terre.

Mais, ne trouvant aucune explication à cette perfection qui se produit électroniquement, la plupart des gens l'attribuent à un être parfait. Mais, en réalité, que tout ce qui existe et existera, nous le devons à l'arrangement électronique qui forme la génération d'énergie qui émane du mouvement de l'Univers.

Ainsi, tout ce qui existe dans l'Univers est une conséquence du mouvement de l'Univers ; par conséquent, tous les êtres vivants sont frères et sœurs ; tant du point de vue génétique que du point de vue énergétique, car tout ce qui existe et ce qui existera dans l'Univers, est une conséquence du mouvement de l'Univers. Nous sommes donc tous les fils du grand Univers.

En fait, nous sommes tous l'Univers, car la partie consciente de l'Univers est la masse magnétique des esprits. Les esprits ont dû se former dans les différents stades de l'énergie, c'est-à-dire dans les différents niveaux énergétiques.

Par exemple, au début, ou lorsque l'Univers était de taille infinitésimale, une énergie électronique infinitésimale a été formée ; et par le mouvement de l'énergie électronique infinitésimale, une énergie magnétique infinitésimale a été générée. Le taux de rotation de l'énergie électronique infinitésimale a atteint une valeur infinie par rapport à la taille infinitésimale de l'Univers ; et la première quantité de matière électronique infinitésimale dans l'Univers a commencé à se former, c'est-à-dire m_0 dans l'équation énergétique de l'Univers $Ev=m_0C^3$. C'est l'équation énergétique qui explique plus clairement comment l'Univers s'est formé, car avec cette équation nous pouvons savoir à tout moment à quelle vitesse de rotation l'énergie électronique se transforme en matière électronique.

Au début, ou lorsque l'Univers était de taille infinitésimale, l'énergie magnétique infinitésimale générée a été spontanément intégrée à une autre énergie magnétique infinitésimale tournant dans le même sens (↑↑ ou ↓↓), et la première quantité positive (↑↑) et négative (↓↑) de masse magnétique infinitésimale s'est formée.

La masse magnétique infinitésimale et la matière électronique infinitésimale ont été intégrées dans l'espace et les premiers corps infinitésimaux ont été formés. Par exemple, le corps qui forme la masse magnétique infinitésimale d'un virus.

C'est ainsi que se sont formés les différents niveaux d'énergie, jusqu'à la taille de l'Univers tel que nous le connaissons aujourd'hui. Mais, la perfection par l'arrangement des charges électroniques, il nous semble que c'est quelqu'un qui a créé l'Univers. Le processus de réglage fin électronique de ce système de l'Univers se poursuit à l'échelle microscopique depuis des milliards d'années, et continuera à se poursuivre pendant des milliards d'années encore ; mais il sera impossible pour un être humain de voir le processus évolutif de l'Univers.

Un être humain voyage dans l'espace à une vitesse nulle par rapport à la Terre, et la Terre voyage dans l'espace à 28 kilomètres par seconde par rapport au Soleil.

En d'autres termes, nous voyageons sur la Terre avec une vitesse nulle par rapport à la Terre ; par conséquent, il nous semble que l'Univers est statique ou que l'Univers ne bouge pas. Certains êtres humains considèrent que toute cette perfection a été produite par un être invisible semblable à l'être humain. Cependant, pour créer l'Univers, il faudrait imaginer que cet être créateur se trouve en dehors de l'Univers, c'est-à-dire dans le néant, mais il est impossible que quelqu'un existe dans le néant car dans le néant il n'y a rien.

Au double du temps présent, c'est-à-dire lorsque l'âge de l'Univers atteindra 27,6 milliards d'années, l'Univers sera encore en train de se créer et nous aurons une configuration physique différente de la configuration actuelle de l'Univers. Mais, la masse magnétique des esprits sera là, et pourra contempler les nouveaux événements qui se produisent dans l'Univers, les nouvelles galaxies qui formeront de nouveaux soleils, les nouveaux êtres vivants, parce que l'Univers ne cessera pas de croître tant que l'Univers sera en mouvement.

Si nous continuons comme ça, la Terre sera toujours là dans l'Univers en tant que corps céleste ; mais, peut-être que l'être humain inconscient détruira la vie sur Terre avant ce moment. Parce que l'être humain inconscient considère la vie des animaux comme une activité économique. Ou l'être humain inconscient cherche son éternité dans le transhumanisme du corps physique, ce qui est impossible, car la seule chose éternelle dans l'être humain est la masse magnétique de l'esprit. Il sera impossible d'immuniser la masse magnétique d'un esprit.

Une fable d'un point de vue philosophique a un sens ; c'est pourquoi la pensée humaine s'est remplie de fantaisies convaincantes, alors que l'explication de la formation de l'Univers était un vide scientifique.

Jusqu'à ce que Galileo Galilei apparaisse avec un instrument scientifique représenté par un petit télescope pour observer l'Univers. Galilée s'est rendu compte que le ciel n'existe pas, et que le centre de l'Univers n'était pas la Terre ou le Soleil ; mais, cette démonstration de Galilée a mis mal à l'aise le sommet de l'église catholique ou ceux qui étaient convaincus des idées philosophiques de Claudius Ptolemy.

Cependant, l'idée réelle ou scientifique de la formation de l'énergie de l'Univers a commencé avec la conviction représentée par le télescope de Galileo Galilei.

La haute énergie était produite par le mouvement de la plus petite quantité d'énergie imaginable, que nous devons définir comme un almatrino.

La chaleur générée dans l'Univers infinitésimal a commencé à diminuer lorsque les énergies électronique et magnétique se sont intégrées spontanément : l'énergie électronique s'est intégrée et la matière électronique s'est formée, et l'énergie magnétique s'est intégrée et la masse magnétique d'un esprit s'est formée.

C'est ainsi que se sont formés les différentes classes et corps électroniques et magnétiques, au fur et à mesure de l'expansion de l'Univers, car l'expansion de l'Univers se fait vers le néant.

Ainsi, l'espace, les différents corps physiques électroniques et les différents types distincts d'êtres magnétiques masculins et féminins se sont formés au cours de cette période de 13,8 milliards d'années. Sur Terre, le corps physique d'un être masculin et féminin pourra s'intégrer de manière spatiale pour former d'autres êtres fonctionnels.

Des changements physiques continueront à se produire dans l'Univers, parce que l'Univers, au fur et à mesure de son expansion, recherche un état d'énergie minimale, c'est-à-dire un état énergétique, où la quantité d'énergie est moindre. Mais, à mesure que l'Univers se déplace, il génère plus d'énergie ; par conséquent, l'Univers n'atteindra pas un point final, c'est-à-dire que l'Univers n'atteindra pas un point où il est en équilibre thermique.

Chapitre 2

NIVEAUX D'ÉNERGIE

Si nous voulons savoir ce qu'il y avait avant la formation de l'Univers, nous pouvons le considérer mathématiquement, pour montrer qu'avant la création de l'Univers, rien n'existait dans le néant.

Avant la formation de l'Univers, nous pouvons écrire virtuellement que 0/0=<(0)>. Cela signifie que le point zéro de l'Univers était à l'intérieur d'un zéro. Nous pouvons l'écrire de cette manière virtuelle, car : 0/0=0, 0/1=0, 0/2=0, 0/3=0 ... 0/1000=0. Cela signifie : 0/0=0, 0/0=1, 0/0=2, 0/0=3 ...0/0=1000. Mais, 0≠1, 0≠2, 0≠3 et 0≠1000.

Cette incohérence des nombres est connue comme le paradoxe mathématique de la division par zéro ; qui, peut être résolu si nous considérons les nombres virtuellement ; puisque, nous pouvons inclure la valeur de tout nombre comme une expression virtuelle de la forme : <(n)>. De cette façon, la valeur 'n' a une valeur virtuelle devant le point zéro. C'est-à-dire que toute valeur numérique peut être écrite virtuellement. Par exemple : 0/0=<(3)> mais la valeur n'est pas 3, mais la valeur 3 est à l'intérieur de la valeur zéro. Ce paradoxe de la division par zéro a été résolu par le jeune Vénézuélien Ramsés Cornieles.

Cela signifie que, avant le point zéro du rien, il n'y avait rien, même si nous le faisons de manière virtuelle, car nous pouvons revenir en arrière jusqu'à un point antérieur au point zéro de l'Univers.

En un instant, la plus petite énergie qui puisse tenir dans notre esprit s'est formée ; et parce que c'était de l'énergie, cette quantité minimale d'énergie a commencé à se déplacer, et la formation de l'Univers a commencé au point zéro.

Mais nous devons garder à l'esprit que l'Univers est un système énergétique. Ainsi, cette quantité minimale d'énergie qui s'est formée dans le néant est ce que nous avons défini comme un almatrino. Nous pouvons donc relier le néant à l'Univers d'une manière mathématique, ce qui nous mènera à un raisonnement scientifique.

Un almatrino ne contient ni charge électronique ni masse ; un almatrino est simplement de l'énergie en mouvement.

De même, le physicien théoricien d'origine autrichienne Wolfgang Ernst Pauli a dû recourir au concept d'énergie afin d'équilibrer la quantité d'énergie manquante de la désintégration bêta. Ainsi, la particule de Wolfgang Pauli ne pouvait contenir que de l'énergie, c'est-à-dire que cette particule proposée par Pauli ne pouvait contenir ni charge ni masse électronique. Cependant, à l'époque de Wolfgang Pauli, l'existence d'une particule sans masse ni charge électronique ne pouvait être comprise. Par conséquent, Wolfgang Pauli a dit dans une conférence :

" ... J'ai fait quelque chose de téméraire, car j'ai proposé une particule qui ne peut être détectée".

Wolfgang Pauli a appelé cette particule imaginaire, qui n'avait ni charge ni masse, le neutron ; cependant, le physicien italien Enrico Fermi a suggéré à Wolfgang Pauli d'appeler cette particule le neutrino, car le neutron existait déjà. Finalement, l'existence d'un neutrino a été détectée expérimentalement. Cependant, un almatrino est plus petit qu'un neutrino, donc un almatrino ne peut pas être détecté expérimentalement.

Un almatrino est une quantité infinitésimale d'énergie qui a commencé à se déplacer au point initial de l'Univers, et a commencé à générer un Univers infinitésimal.

Au premier instant de son mouvement, un almatrino ne pouvait contenir ni matière ni charge électronique ; il n'avait qu'un seul pôle, puisque la matière et la charge électronique sont formées par la vitesse du spin. Le monopôle a été proposé par le mathématicien et physicien britannique Paul Dirac.

Un almatrino doit tourner sur lui-même afin de parcourir une orbite elliptique.

L'idée d'une particule tournant sur elle-même a été proposée par le physicien théoricien allemand Ralph Kronig. Cependant, l'idée de Ralph Kronig a suscité l'ironie de Wolfgang Pauli. Ainsi, dans une lettre Wolfgang Pauli dit à Ralph Kronig :

" ...une particule ne peut pas tourner sur elle-même, car cette hypothèse violerait la loi de la relativité d'Albert Einstein ".

Ralph Kronig rétracte alors sa proposition face au prestige scientifique d'Albert Einstein et de Wolfgang Pauli.

Puis, Wolfgang Pauli se rend compte que Ralph Kronig avait raison ; mais, si l'on divise la valeur de l'énergie par 2, la rotation d'une particule sur elle-même proposée par Ralph Kronig ne viole pas la théorie de la relativité d'Albert Einstein.

En fait, il n'existe ni la relativité d'Albert Einstein ni le principe d'exclusion de Wolfgang Pauli. En ce qui concerne le principe d'exclusion de Pauli, ce qui existe est une probabilité de niveaux d'énergie. Quant à la relativité d'Albert Einstein, toutes les variables de l'Univers sont absolues, dès lors que l'on sait quel est le point zéro de l'Univers.

Il n'y a pas non plus de niveaux quantiques, mais des niveaux d'énergie d'une probabilité. La probabilité au premier niveau d'énergie est de 2 pour l'événement 1, c'est-à-dire +(½) et -(½).

Autrement dit, si dans un même niveau d'énergie, une particule électronique a une énergie ascendante, la prochaine particule à se former doit nécessairement avoir une énergie électronique descendante, pour que les deux particules puissent exister dans le même niveau d'énergie.

Cette probabilité de spin d'une particule peut être expliquée par les fermions et les bosons. Ainsi, dans le même niveau d'énergie, nous aurons 2 fermions dont l'énergie électronique circule dans la même direction. Par exemple, vers le haut. Nous appelons ces fermions dont l'énergie électronique circule vers le haut une énergie électronique positive.

L'énergie électronique circulant vers le haut génère une énergie magnétique qui tourne de gauche à droite, et nous l'appelons énergie magnétique positive.

Un boson est la probabilité énergétique qui intègre 2 fermions dont l'énergie électronique circule dans la même direction. Par exemple, au niveau 1, un boson est la probabilité d'intégration des fermions +(1/2) et +(1/2) ou (↑↑). La somme de ces 2 probabilités est 1. L'autre probabilité d'intégration d'un boson est : -(1/2) + [-(1/2)] ou (↓↓) ; cette intégration est également 1. C'est-à-dire qu'il n'est pas nécessaire de mettre un signe mathématique sur un boson, car l'intégration n'est qu'une probabilité.

Ainsi, au niveau d'énergie 1, nous aurons séquentiellement les probabilités de mouvement de 5 almatrinos en rotation alternée : +1/2, -1/2, +1/2, -1/2, +1/2 et +1/2 ; soit (↑↓↑↓↑).

L'énergie électronique des fermions positifs +1/2 et +/1/2 ou (↑↑) s'intègre spontanément et la matière électronique positive des noyaux électroniques se forme.

Si ce que nous voulons, c'est comparer ce mouvement avec un fait observable, deux tornades qui tournent dans le même sens (→→ ou ←←) s'unissent spontanément et une seule tornade sera formée ; mais, si les 2 tornades tournent dans le sens opposé (→ ou ←) ; c'est-à-dire, si une tornade tourne vers la droite et l'autre tornade tourne vers la gauche, ces deux tornades ne s'intégreraient pas ; ainsi, les deux tornades continueraient à exister indépendamment.

Le signe (±) des deux tornades intégrées indiquerait seulement dans quelle direction la nouvelle tornade tourne.

De même que l'énergie électronique positive des 2 fermions positifs +1/2 et +1/2 ou (↑↑) a été intégrée spontanément et que la matière électronique positive des noyaux électroniques est formée ; de même, l'énergie électronique des 2 fermions négatifs -1/2 et -1/2 ou (↓↓) est intégrée spontanément et la matière électronique négative des électrons est formée.

L'énergie électronique de l'almatrino 5, c'est-à-dire +1/2 (↑) du niveau 1, est l'énergie électronique reliant le niveau d'énergie 1 au niveau d'énergie 2 ; et ainsi de suite de manière successive. De cette façon, les valeurs des niveaux d'énergie sont allées vers une très grande valeur de l'énergie électronique.

On peut écrire d'une manière plus générale : $+(n_1/2)$, $-(n_1/2)$, $+(n_2/2)$, $-(n_2/2)$, $+(n_3/2)$, $-(n_3/2)$... $\pm(n_n/2)$, et ainsi de suite.

On ne peut pas écrire 'n' à l'infini, (n_∞) car la formation de l'Univers n'est pas terminée et ne peut pas se terminer ; car, l'Univers est en expansion vers le néant. Ainsi, l'expansion de l'Univers ne pourra pas atteindre une valeur infinie.

Le flux de l'énergie électronique des fermions +1/2 (↑) et -1/2 (↓) génère une énergie magnétique. L'énergie magnétique tournant de gauche à droite (→) est positive ; et, l'énergie magnétique tournant de droite à gauche (←) est négative.

Ces 2 énergies magnétiques positives ou tournant de gauche à droite (→→) sont intégrées et forment la masse magnétique d'un être masculin.

Les 2 énergies magnétiques négatives ou de droite à gauche (←←) sont intégrées et forment la masse magnétique d'un être féminin.

En raison du mouvement, le flux d'énergie de l'almatrino, étant de l'énergie, ne pouvait pas rester statique. De plus, le flux d'énergie se dirige vers le néant, c'est-à-dire qu'il n'y a pas de forces dans le néant qui soient capables d'arrêter le flux d'énergie de l'Univers.

Par exemple, lorsque l'almatrino était à mi-chemin de son orbite elliptique, l'autre moitié elliptique de la trajectoire de l'almatrino avait déjà augmenté jusqu'à une valeur exponentielle de la forme $y=e^{xt}$. Autrement dit, la croissance de l'Univers n'est pas linéaire ou de la forme y=xt ; la génération de l'énergie de l'Univers se fait plutôt de manière exponentielle. Cela signifie que chaque fois que l'énergie de l'Univers augmente, l'Univers s'étend sur une quantité d'énergie qui existe déjà.

À cette époque, la température de l'Univers était très élevée, car la taille de l'Univers était infinitésimale. L'almatrino devait donc tourner sur lui-même de plus en plus vite afin de compléter son orbite elliptique. L'orbite elliptique de la trajectoire était de plus en plus grande pour l'almatrino. En se déplaçant de plus en plus vite, l'almatrino créait plus d'énergie ; l'énergie augmentait la température et par l'expansion, plus d'espace était créé. Mais la vitesse de rotation de l'almatrino ne pouvait pas être infinie pour compléter sa trajectoire elliptique. Par conséquent, une valeur de vitesse a été atteinte où l'énergie de rotation électronique a été convertie en matière électronique.

Si cette conversion de l'énergie électronique en matière électronique n'avait pas eu lieu, l'almatrino tournerait toujours autour de lui-même à une vitesse qui augmente de façon exponentielle.

L'équation qui prédit la vitesse de conversion de l'énergie électronique en matière électronique est $Ev=m_0C^3$. Dans cette équation, comme nous l'avons mentionné, m_0 est la quantité initiale de matière électronique dans l'Univers, E est l'énergie générée, v est la vitesse de rotation de l'almatrino et C est la constante de proportionnalité. La constante de proportionnalité C, est celle qui nous permet d'introduire la valeur d'égalité entre les quantités.

Cependant, la conversion de l'énergie électronique en matière électronique ne peut pas se faire à partir de l'équation d'Albert Einstein et Mileva Marić $E=mC^2$; puisque, avec cette équation énergétique d'Albert Einstein et Mileva Marić nous ne savons pas si 'm' dans l'équation est la matière électronique ou si 'm' est la masse magnétique. Pour Albert Einstein, la matière électronique initiale de l'Univers m_0 est imaginaire, et l'équation énergétique d'Albert Einstein ne prenait pas en compte la vitesse v de l'énergie.

Mais la matière électronique est différente de la masse magnétique. L'énergie électronique est produite par le mouvement ; la matière électronique est formée par l'intégration de l'énergie électronique ; tandis que l'énergie magnétique est produite par le flux d'énergie électronique ; et la masse magnétique est formée par l'intégration de l'énergie magnétique.

La matière électronique positive des noyaux est intégrée dans l'espace avec la matière électronique négative des électrons, et les molécules, ou les éléments du tableau périodique, sont formés.

Dans la nature, ces éléments du tableau périodique ne sont généralement pas à l'état pur. Par exemple, il n'existe pas d'atome d'hydrogène H, mais une molécule d'hydrogène H_2, car en tant que molécule, les deux atomes d'hydrogène compensent dynamiquement la charge électronique de l'autre.

Ainsi, par cette intégration de la matière électronique, toute la matière électronique de l'Univers est formée dans l'espace entre les noyaux positifs et les électrons négatifs.

La matière électronique n'a rien à voir avec la masse magnétique ; mais, si nous comparons les forces d'intégration, la force d'intégration de la matière électronique est moins intense que la force d'intégration de la masse magnétique. Car, comme nous l'avons dit, la matière électronique est intégrée dans l'espace entre les électrons négatifs et les noyaux électroniques positifs. Par conséquent, les électrons négatifs peuvent s'éloigner du noyau positif sous forme de rayonnement électromagnétique. Alors que l'intégration de l'énergie magnétique sous forme de masse magnétique n'est pas spatiale, car la masse magnétique n'a ni noyau ni électrons.

Nous appelons gluons les bosons électroniques qui intègrent la matière électronique. Alors que les bosons qui intègrent la masse magnétique peuvent être appelés urdires.

Les 2 énergies magnétiques positives, ou énergies qui tournent dans le même sens (→→), s'intègrent spontanément et la masse magnétique positive d'un être masculin se forme.

Les 2 énergies magnétiques, qui tournent de droite à gauche ou négatives (←←), s'intègrent spontanément et forment la masse magnétique négative d'un être féminin.

C'est ainsi que dans l'espèce humaine se sont formés le mâle et la femelle, ou chez les animaux les deux genres, le genre féminin et le genre masculin. Par exemple, dans d'autres lignées, ce sera un coq et une poule ; un lion et une lionne, un chat et une chatte, un taureau et une vache, etc.

Ces deux êtres, mâle et femelle, peuvent être unis dans l'espace au moyen des corps physiques. Par l'union spatiale de ces deux corps physiques, un autre corps physique sera formé ; et dans ce corps sera incorporé l'esprit formé par la masse magnétique provenant du monde spirituel.

L'incorporation de l'esprit dans son nouveau corps physique aura lieu 5 mois après la gestation. Et elle aura lieu à 5 mois, car l'embryon a été formé à partir de l'intégration physique de deux haploïdes. L'haploïde mâle se trouve dans les testicules de l'être masculin, et l'haploïde femelle se trouve dans l'ovule de l'être féminin.

Les haploïdes n'ont pas de mémoire physique. La mémoire physique est une énergie magnétique en apesanteur ; par conséquent, la mémoire magnétique est incarnée dans l'esprit qui est incorporé dans un corps physique.

La masse et la mémoire magnétique sont ce qui donne le style ou la forme de vie à un être spirituel vivant dans un corps physique constitué de matière électronique.

La mémoire magnétique de l'esprit se trouve sous forme physique dans l'hippocampe. Par conséquent, les bébés n'ont pas de mémoire physique ; les bébés peuvent donc voir et parler à un esprit, car les bébés peuvent voir des choses qui bougent très vite. De même, les bébés peuvent entendre la gamme des infrasons. Cela se produira pour le bébé, jusqu'à ce qu'il atteigne l'âge d'un enfant de 5 ans. À cet âge, la formation de l'hippocampe culminera dans le cerveau de l'enfant.

Selon cette séquence (↑↓↑↓↑), nous déduisons, que l'almatrino numéro 1 ; c'est-à-dire, l'almatrino qui a commencé à former l'Univers avait une énergie électronique dirigée vers le haut ; ou que l'énergie magnétique du premier almatrino tournait dans le sens droite-gauche (←).

Bien que le spin de l'almatrino soit relatif ; puisque, la direction du spin va dépendre du côté où nous voyons l'almatrino tourner. Si quelqu'un voit l'almatrino tourner de gauche à droite, l'autre côté verra que l'almatrino tourne de droite à gauche.

Au début, la matière électronique infinitésimale de l'Univers infinitésimal a été intégrée à la masse magnétique infinitésimale ; et ainsi, les différents corps physiques infinitésimaux ayant la capacité de vivre ont été formés.

Certains de ces corps infinitésimaux vivent en sommeil ou endormis à l'intérieur d'une capsule infinitésimale, attendant simplement les conditions environnementales pour se réveiller de leur état de dormance et se reproduire.

Nous appelons ces corps infinitésimaux des virus.

Ces corps physiques infinitésimaux se sont réveillés dans l'environnement hostile de la Terre. Il est probable que cela ait commencé dans le désert de Lut, ou sur un haut plateau, et qu'à partir de là se soient formés les différents types de cellules qui ont donné naissance aux êtres vivants sur Terre. Dont la végétation qui se formerait d'abord par l'effet de la condensation de la vapeur d'eau, puis par l'effet des marées qui entraînent le phytoplancton de la mer vers la terre infertile.

Les plantes consomment le dioxyde de carbone que les animaux expulsent par leur nez. Les plantes rejettent l'oxygène comme un déchet. L'oxygène est consommé par les êtres vivants pour produire de l'énergie sous forme de chaleur. Ainsi s'est formé un écosystème qui a donné naissance à la relation et à la coexistence entre les différentes formes de vie sur Terre.

Au début, l'Univers était sombre, car les planètes et l'atmosphère des planètes ne s'étaient pas formées pour décomposer le rayonnement électromagnétique en lumière et en chaleur.

L'Univers a grandi, car l'énergie électronique qui crée l'espace de l'Univers est de forme exponentielle. Si un être humain se tenait au bord de l'Univers pour voir le taux de croissance de l'Univers, il ne le remarquerait pas, car l'espace physique de l'Univers est très grand. Ainsi, ce qui représente un instant pour l'Univers sera une éternité pour un observateur humain.

La croissance de l'Univers se fait vers le néant, et elle sera chaotique, car dans le néant il n'y a rien qui puisse arrêter la croissance de l'Univers. Nous devons l'idée du mouvement chaotique au scientifique français Jules Henri Poincaré.

Cette idée s'inscrit dans le cadre d'une recherche constante visant à découvrir comment l'Univers s'est formé de manière logique. Par exemple, Georges Lemaître était un prêtre, mais Georges Lemaître n'a pas réussi à démontrer comment s'est formée l'énergie qui fait bouger l'Univers de façon exponentielle. Georges Lemaître a seulement développé la théorie du Big Bang.

Or, pour ramener l'Univers à son point de départ comme le propose la théorie du Big Bang de Georges Lemaître, il faudrait diminuer l'entropie de l'Univers. Mais, il sera impossible de reprendre l'Univers, car, pour reprendre l'Univers, il faudrait lui fournir plus d'énergie que l'Univers n'en a produit pour le ramener à son point initial. En d'autres termes, la théorie du Big

Bang n'explique pas d'où viennent l'énergie et la matière qui ont formé l'Univers.

Il s'agit peut-être d'une hypothèse que l'on peut formuler mathématiquement, mais la possibilité de ramener l'Univers à son point initial n'a aucun sens d'un point de vue physique. Ainsi, nous ne serons pas en mesure de contracter l'Univers pour le ramener à son point de départ.

Au point de départ, nous ne pourrons pas avoir une densité infinie de matière électronique ; mais, en utilisant la théorie du Big Bang, nous ne saurons pas non plus d'où vient l'énergie qui a chauffé le point de départ de l'Univers.

Ainsi, avec l'analyse que nous avons faite, de la façon dont s'est formée toute la matière qui forme l'Univers et toute la matière qui se formera dans l'Univers ; la masse magnétique des esprits, et les genres masculin et féminin, qui dans l'espèce humaine sont l'homme et la femme, représentent le fait scientifique le plus important qui s'est produit dans toute l'histoire de la pensée scientifique de la civilisation humaine.

Cependant, il est plus facile de comprendre une philosophie qu'un fait scientifique ; mais nous ne pouvons pas entraver inutilement l'analyse scientifique ; nous devons donc permettre à l'explication scientifique de progresser logiquement ; selon le britannique Francis Bacon et l'italien Galileo Galilei.

Ainsi, tous les êtres humains sont obligés de comprendre où et comment toute la matière électronique et l'énergie magnétique de l'Univers sont nées et comment elles naîtront, à travers l'équation énergétique qui a formé l'Univers $Ev=m_0C^3$, afin de rendre l'humanité plus humaine.

Chapitre 3

L'ÉQUATION QUI EXPLIQUE COMMENT L'UNIVERS S'EST FORMÉ

Le processus d'expansion de l'Univers est irréversible ; par conséquent, nous ne pouvons pas attendre que l'Univers se rétracte de lui-même jusqu'à son point initial. Il est impossible de passer du chaos à l'ordre de manière spontanée, puisque, pour inverser le désordre en ordre, il faut apporter de l'énergie au système. Ainsi, à ce stade de l'histoire scientifique, la théorie du Big Bang du révérend, mathématicien et astronome belge Georges Henry Joseph Édouard Lemaître est terminée. La théorie du Big Bang ou théorie de l'œuf cosmique n'a pas de sens logique, car elle n'explique pas, par exemple, d'où vient l'énergie qui a chauffé l'Univers naissant. Bien que de nouvelles théories expliquant la formation de l'Univers aient été développées à partir de l'idée du Big Bang, nous ne pourrons pas concentrer en un seul point toute l'énergie que l'Univers possède actuellement, et celle que l'Univers possédera dans un temps infini.

Cependant, là encore, le vide explicatif a conduit de nombreux scientifiques à considérer la théorie du Big Bang, et celles qui en découlent, comme l'explication la plus représentative de la formation de l'Univers.

Avec l'expansion de l'Univers dans le néant, nous avons le chaos ou le désordre, car ce que l'Univers recherche avec l'expansion est un état où le système énergétique qui forme l'Univers est en équilibre thermique. C'est-à-dire, pour que l'Univers puisse atteindre un point où il a moins d'énergie ; pour cela, il est nécessaire de passer de l'ordre au désordre. Mais, de ce point de vue, le point d'équilibre de l'Univers n'est même pas au-delà du plus infini ; puisque, l'Univers crée par lui-même l'énergie qui le pousse vers le néant ; et dans le néant, il n'y a pas d'énergie.

L'Univers forme une implosion dans un vide absolu.

La limite intérieure du néant est égale à la limite extérieure de l'Univers. Nous pouvons définir cette limite comme un bord flexible, c'est-à-dire que la limite du néant s'étend au fur et à mesure de l'expansion de l'Univers, car en dehors de l'Univers, il n'y a rien. Par conséquent, le flux d'énergie de l'Univers se dirige éternellement vers le néant, et l'entropie ou le désordre de l'Univers augmente continuellement vers le néant.

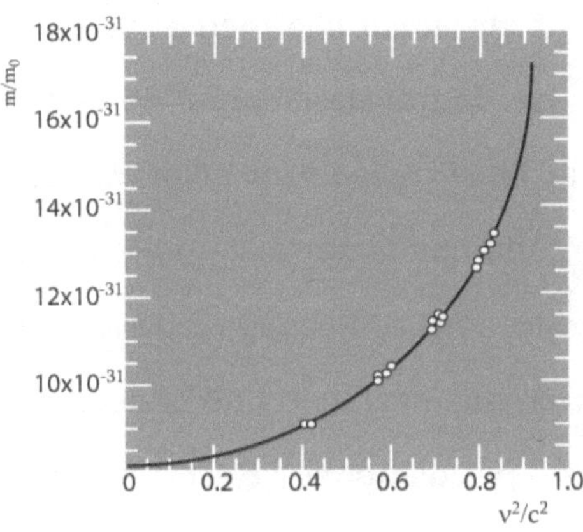

FIGURE 1

GRAPHIQUE DE BUCHERER ET NEUMANN

Cependant, Albert Einstein ne voulait pas voir dans la figure 1 de Bucherer et Newmann, que la vitesse au-delà de la valeur v^2/C^2 passe à une valeur infinie. Lorsque la vitesse est supérieure à 1 ($v^2/C^2>1$), Albert Einstein en déduit que, si quelque chose pouvait se déplacer à une vitesse C supérieure à celle de la lumière, la masse de cette particule ne serait pas réelle mais imaginaire. Mais, en réalité, il n'en est pas ainsi, car la matière électronique du système qui forme l'Univers dans le néant est réelle, car la matière électronique est formée à partir de l'énergie électronique, et l'énergie électronique est une grandeur réelle.

C'est-à-dire que, comme Ralph Kronig l'a déduit, toute particule réelle, doit tourner sur elle-même avec une vitesse supérieure à sa vitesse de translation, afin de se déplacer sur son orbite elliptique. En effet, la forme elliptique est la seule façon de se déplacer, afin que la particule puisse contenir la même quantité d'énergie dans son voyage à travers le même niveau d'énergie. Autrement dit, avec une trajectoire elliptique, la particule ne perd pas d'énergie ; c'est-à-dire qu'avec un mouvement elliptique, la particule ne décélère pas, comme elle le ferait si son mouvement était circulaire.

La forme elliptique pour la translation est la manière spontanée ou naturelle du mouvement. Si le mouvement de translation avait été circulaire, les trajectoires circulaires à l'intérieur d'une sphère n'auraient pas été formées. En d'autres termes, si le mouvement était circulaire, toutes les particules se seraient agglomérées en une seule orbite et l'espace qui forme l'Univers n'aurait pas été créé. Avec un mouvement de translation de l'énergie sur une orbite circulaire, le système énergétique qui forme l'Univers ne se serait pas étendu ; ou, le système ne se serait pas formé à partir de rien. Si cela s'était produit de cette manière, le système énergétique qui forme l'Univers aurait atteint un état d'épuisement, ou l'Univers aurait eu la forme d'une ceinture énergétique.

C'est-à-dire que la géométrie de l'Univers est sphérique. Si la forme de l'Univers avait été elliptique, le système aurait consommé de l'énergie jusqu'au néant, et l'Univers serait en équilibre. Autrement dit, l'Univers aurait atteint un état où la valeur de l'entropie est maximale. Mais l'entropie est un processus spontané qui ne peut être arrêté ; par conséquent, nous ne pourrons pas atteindre un point où l'entropie a une valeur maximale. Il est impossible d'atteindre un point où l'entropie a une valeur maximale. Par conséquent, l'Univers continuera à s'étendre progressivement vers le néant.

Le système énergétique de l'Univers ne peut pas revenir en arrière, car l'Univers deviendrait le néant à son point initial ; mais cela est impossible, car l'Univers ne peut pas revenir à son point initial.

Le processus de formation de l'Univers prend 13,8 milliards d'années, nous ne pourrons donc pas reprendre l'Univers.

Nous pouvons seulement ramasser l'Univers comme une probabilité théorique par l'imagination mathématique, mais cette hypothèse n'a pas de sens d'un point de vue physique, car la rétro traction n'est pas un processus spontané. Il faut mettre plus d'énergie dans le système que la quantité d'énergie que l'Univers a produite pour ramener l'Univers à son point de départ.

L'entropie ne diminue pas d'elle-même, car cela reviendrait à dire que quelque chose qui était désordonné est devenu ordonné de lui-même. Il n'y a pas assez d'énergie dans l'Univers pour ramener spontanément l'Univers à son point de départ.

L'espace séparant les différents corps doit être grand ; comme, par exemple, l'espace entre les corps formant le système solaire. En effet, lorsque deux corps tournent en sens inverse (← ou →), une force répulsive se forme entre deux corps ; comme dans le cas des deux tornades tournant en sens inverse. Ces corps spatiaux sont ordonnés séquentiellement par une configuration alternée du mouvement électronique, c'est-à-dire positif-négatif-positif-négatif, (↑↓↑↓)... etc. Mais, bien qu'ils soient séparés, il existe une force d'intégration qui les maintient ensemble sous la forme positive (↑↑) et négative (↓↓).

Par exemple, le Soleil tourne de gauche à droite (→), car le flux de l'énergie électronique positive du Soleil est vers le haut (↑). Mercure tourne de droite à gauche (←), car le flux de l'énergie négative de Mercure est opposé au flux de l'énergie électronique positive du Soleil (↓). Vénus tourne de gauche à droite (→) tout comme le Soleil ou dans le sens opposé à celui de Mercure ; mais, l'énergie électronique de Vénus est négative (↓). La Terre tourne de droite à gauche (←) ; c'est-à-dire que la Terre tourne à l'opposé de Vénus ; donc, le pôle positif de la Terre est vers le haut (↑) ; et le pôle négatif de la Terre est vers le bas (↓). On peut alors poursuivre l'explication vers la planète Mars.

Cependant, les planètes : Mercure, Vénus, Terre, Mars, etc. forment la charge négative (↓↓↓↓), et entre toutes, elles compensent la charge positive du noyau du Soleil (↑) ; et comme c'est un noyau électronique, le Soleil est plus massif. Ainsi, le Soleil est plus grand que la somme de toutes les planètes. Par exemple, la charge négative s'écoule de la Terre vers le noyau électronique du Soleil.

Ainsi, le mouvement de chacun des corps électroniques est opposé au suivant ; puisque le mouvement de rotation de tous les corps dans l'espace est une transmission de mouvement. Par conséquent, les corps dans l'espace de l'Univers sont en même temps intégrés par des forces électroniques de rotation opposée au même niveau énergétique ; ce qui empêche les corps de fusionner pour former un seul corps électronique. Nous appelons cette énergie de répulsion et d'attraction entre les corps célestes sur le même niveau énergétique la force électronique de gravité.

Les esprits ne contiennent pas de matière électronique ; les esprits ne sont constitués que de masse magnétique ; par conséquent, la masse magnétique des esprits n'est pas influencée par la force électronique de gravité.

Mais nous devons décrire mathématiquement comment un système énergétique s'est formé et depuis qu'il a commencé, il continue à croître exponentiellement plongé dans le néant.

À partir de l'équation énergétique d'Albert Einstein et Mileva Marić $E=mC^2$, nous pouvons utiliser le nombre complexe dérivé par Johann Carl Friedrich Gauss, car l'équation d'Albert Einstein et Mileva Marić montre comment l'énergie peut être transformée en matière électronique et la matière électronique peut être reconvertie en énergie.

La matière électronique peut être reconvertie en énergie électronique si la matière électronique entre en contact avec un trou noir pour tourner à grande vitesse. Mais, ces systèmes ne sont ni des trous ni des trous noirs, ce sont des systèmes énergétiques où l'énergie électronique tourne à grande vitesse. Les trous noirs sont des sphères d'accrétion, où l'énergie électronique est convertie en matière électronique.

Un esprit n'a pas de matière électronique ; par conséquent, un esprit n'est pas affecté par un trou noir ; mais, un esprit est conscient de son existence ; ainsi, aucun esprit ne penserait jamais à entrer en contact avec un trou noir.

Nous avons dit qu'il existe des particules qui n'ont ni masse ni charge électronique ; mais la matière électronique, étant de l'énergie condensée, ne peut être imaginaire. Par exemple, les esprits sont des êtres réels, mais les esprits ne contiennent pas de matière électronique. Les esprits sont constitués d'une masse magnétique qui ne contient aucune matière électronique, car les esprits n'ont ni noyau ni électrons.

Cependant, Albert Einstein considérait que la matière initiale n'était pas réelle, mais plutôt imaginaire selon la déduction mathématique de Johann Carl Friedrich Gauss ; mais Gauss se référait à une valeur complexe, qui est différente de la valeur imaginaire, puisque l'imaginaire n'est pas réel.

Une valeur complexe est une valeur composée de plusieurs éléments réels, alors qu'une valeur imaginaire n'existe que dans l'imagination, c'est-à-dire que la valeur imaginaire n'a pas de forme physique réelle. Cependant, la matière électronique qui existe dans le système qui forme l'Univers et le néant doit avoir été formée à un moment donné et à un moment donné.

Il est donc nécessaire de chercher une équation qui nous montre de manière physique comment s'est formée la matière électronique initiale du système énergétique qui forme l'Univers.

Nous pouvons soustraire de la valeur 1 la valeur correspondant à v^2/C^2 ; c'est-à-dire la valeur qui se trouve à l'intérieur de la racine carrée dans l'équation énergétique d'Albert Einstein et de Mileva Marić, afin que la vitesse de rotation ait une limite ; ou afin que la matière électronique m_0 n'ait pas une valeur imaginaire. La matière électronique initiale est déterminée par la relation suivante :

En considérant que v est supérieur à C, cela signifie que : (v^2/C^2) ou que C, est inférieur à v ; c'est-à-dire que (v^2/C^2) est supérieur à 1. En soustrayant la valeur (v^2/C^2) de 1, il restera une valeur négative dans la racine carrée de la forme : $-(v^2/C^2)$. Nous pouvons utiliser le nombre complexe 'i' de Johann Carl Friedrich Gauss pour résoudre la valeur négative de la racine carrée.

Ainsi :

En substituant la valeur de cette matière électronique 'm' à la valeur de la matière initiale m_0 ci-dessus dans l'équation d'Einstein, nous avons :

$$E=m_0C^3/iv$$

$$iv=m_0C^3/E$$

Où 'i' est la valeur du nombre complexe. Multiplions les deux côtés de l'égalité par le nombre complexe 'i' ; mais, en gardant à l'esprit que : $i^2=-1$. Par conséquent :

$$i^2v=i.m_0C^3/E$$

$$-v=i.m_0C^3/E$$

Si nous élevons les modules d'égalité au carré ; puisque, la valeur réelle de la vitesse augmente, ainsi que la valeur de la matière électronique et la valeur de l'énergie électronique, donc ces variables n'ont pas de signe mathématique. Nous avons donc que :

$$-|v|^2=i^2m_0^2C^6/E^2$$

$$-v^2=-m_0^2C^6/E^2$$

$$v^2=m_0^2C^6/E^2$$

Si nous extrayons la valeur à l'intérieur de la racine carrée, pour calculer la vitesse v du premier almatrino devenu matière électronique m_0, lorsque l'Univers avait la taille d'une sphère énergétique infinitésimale, nous obtenons que la vitesse de l'énergie à l'intérieur du système qui a commencé à former l'Univers à partir de rien est :

$$v=m_0C^3/E$$

C'est-à-dire que la valeur infinitésimale de l'énergie E du néant dans une fraction de temps supérieure au temps zéro était égale à :

$$E=m_0C^3/v$$

Nous disons qu'il s'agissait d'une fraction de temps supérieure au temps zéro, car la quantité de matière électronique 'm' que l'Univers possédait à ce moment-là provenait de la matière électronique initiale m_0 ; puisque, au temps zéro, la matière initiale de l'Univers m_0 était nulle. La fraction de temps mesurée à partir du point zéro est de $5{,}391 \times 10^{-44}$ secondes, c'est-à-dire le temps minimum de Max Planck.

Nous pouvons écrire de manière intégrée l'équation qui a formé l'Univers comme suit : $\Delta Ev=\Delta mC^3$. $\Delta E=E_f-E_0$, $\Delta m=m_f-m_0$. C'est-à-dire qu'avec cette équation qui a formé l'Univers,

$Ev=m_0C^3$, nous pouvons savoir quelle quantité d'énergie électronique E_f et quelle quantité de matière électronique m_f nous aurons à tout moment.

La vitesse initiale v était réellement nulle, et cette vitesse v ne pouvait pas aller à une valeur infinie, car la conversion de l'énergie électronique en matière électronique a une limite dans la vitesse de rotation de l'énergie électronique. C'est-à-dire que : $\Delta v=v$; par conséquent, $\Delta Ev=\Delta mC^3$.

Cette équation peut être appliquée à tout système énergétique. Il s'agit de l'équation mathématique qui explique comment l'Univers s'est formé à partir de rien.

L'équation qui a formé l'Univers peut être intégrée ; pour savoir, combien de matière électronique l'Univers aura en tout point de l'espace. Disons, du point zéro à un point au-delà de l'infini.

L'espace initial de l'Univers minimal était plus petit qu'un almatrino ; nous sommes donc arrivés à l'instant, c'est-à-dire au point minimal ou point zéro où l'Univers a commencé à se former. Par conséquent, toutes les mesures que nous ferons, nous ne pourrons pas les faire de manière relative mais de manière absolue, en partant du point zéro de l'Univers ; qui est au simple centre du néant. Et c'est à partir de ce point zéro que l'Univers a commencé à se former.

Ainsi, l'équation $Ev=m_0C^3$, est la relation qui explique comment l'Univers a commencé à se former à partir du néant ; et comment l'Univers se forme encore ; car le processus de formation de l'Univers, une fois commencé, ne peut être arrêté.

Si le processus de création de l'Univers devait s'arrêter en un point, il n'y aurait plus de mouvement ; par conséquent, le processus de génération d'énergie électronique s'arrêterait et l'Univers se figerait. Ce qui maintient la génération d'énergie électronique dans l'Univers est le mouvement de l'Univers.

L'Univers peut être défini comme une sphère d'accrétion.

La valeur de l'énergie électronique E, est liée à l'énergie magnétique B, au moyen de la constante C. C'est-à-dire que E=CB ; par conséquent, nous pouvons écrire pour l'énergie magnétique B :

$$CB=m_0C^3/v$$

L'énergie magnétique B de la bulle d'énergie électronique qui a formé l'Univers à partir de rien est :

$$B=m_0C^2/v$$

$$Bv=m_0C^2$$

Ainsi, en considérant qu'au début la vitesse v était virtuellement inférieure à zéro, on peut dire qu'il n'y avait rien. Par conséquent, ces deux équations : $Ev=m_0C^3$ et $Bv=m_0C^2$, nous permettent de connecter de manière mathématique, un almatrino qui a émergé du néant avec le système physique de l'Univers.

Finalement nous concluons que, l'Univers ne peut pas être statique ; mais, le mouvement de l'Univers nous ne le remarquons pas, parce que nous marchons dans l'espace avec une vitesse nulle par rapport à la Terre.

Si l'Univers était statique, l'Univers serait en équilibre thermique ; et, dans cette forme arrêtée, dans le système qui forme le néant absolu avec l'Univers, le flux d'énergie électronique n'existerait pas ; c'est-à-dire, l'énergie électronique qui force plus de mouvement à avoir lieu. Et avec plus de mouvement d'énergie électronique, plus d'énergie électronique sera créée ; qui devra être convertie en matière électronique, pour que le système ne se réchauffe pas à l'infini. Ainsi, l'Univers sera toujours en mouvement, et rien ne pourra l'arrêter.

LE TRAVAIL DE L'AUTEUR

Diplômé de l'École de chimie, Faculté des sciences, Universidad Central de Venezuela, avec un diplôme en technologie chimique. Études de troisième cycle en science et technologie des aliments. Travail spécial sur la chimie des produits naturels et la chimie des maladies. Concepteur de procédés chimiques. Les livres énumérés ci-dessous sont le fruit de la réflexion ; par conséquent, ces livres doivent être révisés au fur et à mesure que nous comprenons mieux comment l'Univers s'est formé ; essayez donc de lire la dernière édition de chaque livre. Ces livres sont : "La chimie du cancer". "La chimie du diabète". "La crise cardiaque". "La maladie d'Alzheimer". "La chimie de l'arthrite". "La chimie de la pensée". "La chimie de l'esprit". "Comment l'Univers s'est formé". "Les expansionnistes". "Pourquoi vous ne devriez pas manger de la viande". "Le monde micro". "Dieu existe-t-il vraiment ?". "Objection à la relativité d'Albert Einstein". "Diviner l'avenir". "L'erreur des grands scientifiques". "La vie sur le soleil". "L'univers avant le temps zéro". "L'énergie de l'esprit". "L'origine du cancer". "Le monde des cellules". "La chimie de la maladie". "La particule qui a créé l'univers". The Chemistry of Cancer, septième édition. La chimie du diabète, sixième édition ; La chimie de la crise cardiaque, quatrième édition ; "La chimie de la mémoire" ; La chimie de l'arthrite, troisième édition. "Le pouvoir créatif de l'esprit. La particule qui a formé l'Univers, troisième édition. "La masse initiale de l'Univers". "Vous ne devriez pas manger de viande". "L'origine du corps et de l'esprit". "Adorer l'Univers". "Sucre un ennemi dans la cuisine". "Le voyage dans le temps". La chimie du cancer, édition 8. La chimie du diabète, édition 7. La chimie de la crise cardiaque Edition 5. La Mémoire de l'Esprit Edition 1, La Chimie de l'Arthrite Edition 5. "La vie de l'esprit". "Réécrire la science". "Le commencement de l'univers". "La croissance spirituelle". "Couplage de l'esprit avec le corps". "L'origine de la vie". "La mort n'existe pas". La chimie du cancer, édition finale. La particule qui a créé l'univers, édition finale. "Incorporation de l'esprit au corps physique". "Je suis venu du soleil". "Maladies évitables". "L'origine de la vie sur Terre". "Le moment inaugural de l'Univers".

www.ingramcontent.com/pod-product-compliance
Lightning Source LLC
LaVergne TN
LVHW091235150826
845673LV00003B/1154

* 9 7 9 8 3 7 1 0 5 4 5 5 5 *